U0462327

世图心理

博客：http://blog.sina.com.cn/bwepepsy
微博：http://weibo.com/wpepsy

第三章　换个角度，人生大不同

第二章　不同的心智，不同的剧本

目录

第一章　想法决定活法

I

转念的力量

黄国峰——著

世界图书出版公司

北京·广州·上海·西安

图书在版编目（CIP）数据

转念的力量 / 黄国峰著.—北京：世界图书出版有限公司北京分公司，2020.5（2022.3 重印）
ISBN 978-7-5192-7060-5

Ⅰ.①转… Ⅱ.①黄… Ⅲ.①成功心理－通俗读物 Ⅳ.①B848.4-49

中国版本图书馆CIP数据核字（2019）第277218号

书　　名　转念的力量
　　　　　ZHUANNIAN DE LILIANG

著　　者　黄国峰
策划编辑　李晓庆
责任编辑　李晓庆
装帧设计　蔡　彬
出版发行　世界图书出版有限公司北京分公司
地　　址　北京市东城区朝内大街137号
邮　　编　100010
电　　话　010-64038355（发行）　64037380（客服）　64033507（总编室）
网　　址　http://www.wpcbj.com.cn
邮　　箱　wpcbjst@vip.163.com
销　　售　新华书店
印　　刷　北京中科印刷有限公司
开　　本　880mm×1230mm　1/32
印　　张　6.25
字　　数　120千字
版　　次　2020年5月第1版
印　　次　2022年3月第3次印刷
国际书号　ISBN 978-7-5192-7060-5
定　　价　59.00元

第一章

想法决定活法

化娑婆為蓮花邦

第一节

每种情绪背后都有一种想法

每种情绪背后都有一种想法。不安是你认为的不安，恐惧是你认为的恐惧，快乐是你认为的快乐，烦恼是你认为的烦恼。

如果你没有那些想法，那么你还会不会不安？会不会恐惧？会不会烦恼？不会。没有那些想法，就是给自己放生。你放过它，它就放过你嘛！

想法背后是你的执着。如果你不执着于某种想法，那么你是不会有某种情绪的。你越执着于某种想法，某种情绪就越高涨。那你了解怎么给自己放生吗？你知道怎么放自己一条生路吗？

我要教你的是，当你感到烦恼、恐惧、不安的时候，去看看这背后让你恐惧、不安、烦恼的想法是什么，思考你为什么会被这种想法绊住，然后换种想法，这样你就会感觉轻松许多。

第二节
两种不同的学习方法

中国台湾地区的父母常常会问孩子今天老师教了什么，所以孩子经常要记住老师教了什么。老师要教给孩子回去可以说出来的东西。每个老师都会布置作业，表明自己很认真负责，教了学生知识。这是中国台湾地区的教育模式。但是，以色列的父母会问孩子今天问了老师什么问题，有没有去找资料，有没有找同学探讨问题。事实上，当一个孩子能够发现问题，会去请教老师、寻找答案时，他便有了自我学习的能力。

中国台湾地区的孩子在学习方面是推一步，走一步，经历的是填鸭式成长，被喂得饱饱的，然后长大了去工作。很多人化了太多时间读幼儿园、小学、初中、高中、大学，只为了学习如何谋生。谋生好几十年之后，他们便匆匆迎来了人生的毕业典礼。

第三节

你为什么不快乐？

很多人买房子要贷款，买车子要贷款，孩子出国要贷款，欠着一屁股债，然后带着微笑说："我拥有很多呢！"有没有这种现象？

你看看哪只小鸟跟你过的日子一样？小鸟三天就搭好一个窝，庭院还很大，也不用背负贷款。它也不用学一二十年才会谋生。它只要一飞出去，就开始谋生了。

你的想法那么多，但你并不快乐。小鸟没什么想法，却很快乐，过的日子比你好。它不用为数学不及格烦恼，也不用为市场增长率不高烦恼。那为什么我们看起来挺聪明的，学了那么多知识，很有想法，还是不快乐？跟你的"小我"说："快乐就在你的思虑中溜走了。"的确，你想得太多，快乐就不见。

第四节
要让你快乐不容易啊

即使是对快乐不快乐，你都有属于自己的定义。你会觉得，这样子是快乐的，那样子是不快乐的。我们的认知就像一把无形的尺子。我们时时用这把尺子去衡量周围的人、事、物。如果事情发生在这把尺子的范围以内，那么我可以接受。如果事情发生在这把尺子的范围以外，那么我就不可以接受。事情发生在这把尺子以内就是合理的，在这把尺子以外就是合理的。事情在这把尺子以内，我心情愉悦，在这把尺子以外，我就揪心了。

你把快乐的范围定义得那么狭小，要让你快乐很不容易啊！人生不如意事十有八九，就是这样子来的。如意事只有一二，那一二是谁定的？你自己。

第五节
一般人有放大苦难的心智

夫妻在谈恋爱之时，看的都是对方的优点。结婚之后，一方看到另一方的一个缺点，就会无限放大它。对方全身上下只剩下那一点。难道他身上只有那一个缺点吗？不是的。你已经看不到其他的了，一直聚焦在对方那一个缺点上。

我再举个例子。你和一个人对话时，对方可能讲了一句话，可是你解读之后，觉得他好像在批评你。你想一百次，心就揪一百次，想一千次，心就揪一千次。但是他只讲了一次，是不是？他只轻轻地讲了一次，你的内心却被重重地伤了一千次，因为你无限放大了他的那句话。

人家只轻轻地说一句，你却感到非常痛苦。这体现了一般人的心智。很多得了抑郁症的人也有这样的心智。很多冤亲债主也是这样子结下的。对方只说了一句话，你就给它贴标签，无限地放大这句话，不跟他讲话，不跟他来往，开始讲他的坏话，讲他负面的东西。

那么各位，你有没有放大苦难的心智呢？

第六节

换一个角度看，人生大不一样

我想表达的是，其实人生有很多面。你只要换一个角度看，人生就会大不一样。你会发现，原来还可以这样过日子啊！问题还是那些问题，不是吗？老婆还是那个老婆，老公还是那个老公，孩子还是那个孩子。但是，如果换个角度看人生，那么你的心境就不同了，你会感觉像"回炉重造"过一样。你会发现，还是同样的事情，但你可以积极面对了。为什么可以积极面对？因为你的思维方式、看事情的角度已经不一样了。

我看重的不是生命的长短，而是生命的意义和价值。我追求的不是让生命有时间，而是让时间有生命、有意义、有价值。我追求的不是让成功等于金钱，而是让成功等于意义、价值、社会责任。我希望你能超越生死看问题、看人生，活出人性的最高境界。

第七节

我们一直在变，可是在当下都很执着

你可以有想法，但是不要执着于这个想法。其实人生一直在告诉我们这件事情。你在幼儿园的时候，有没有喜欢的东西？到了小学的时候，喜欢的东西是不是变了？然后再到初中、高中、大学，喜欢的东西是不是还在变？其实我们是很善变的，其实我们没有那么执着。

我们一直在变，不是吗？可是在当下都很执着。人在争论事情的时候是最执着的。事情过了一两个月后，你可能会发现你的想法变了。可是在之前争论的时候，你是很执着的。其实不怕你有想法，就怕你太执着于这个想法。

我们说执着就是"在乎"。如果换一个角度看"在乎"，那么它是什么呢？是"求"！有所求即有所什么？即有所"囚"。有所"囚"，就会受困于一些东西。当我们有所"囚"的时候，身体就可能会生病，思想也可能会生病。

第八节

当下改变过去、现在、未来

我们要活在当下。我们常常是处于现在，但沉溺于过去，或想象着未来。几乎没有人真正活在当下。活在当下不是说你现在不可以有想法，而是说不要执着于这个想法，并且这个想法不能只是过去的残留。

比如说，我上个星期跟一个人吵架了。在吵完架之后，我们看对方都不爽。今天看到他的时候，我肯定还是不爽。这种情绪不是现在出现的，而是上个星期吵完架之后留下来的。

这种情绪启动了我在上个星期产生的想法、做法和互动模式。对方看到我的样子，于是也启动了自己在上个星期产生的想法、做法和互动模式。我们可能会再次吵架。那今天的结果和上个星期的结果会不会相同？那过去是不是就等于现在了？

如果当下我能够觉察到我的情绪，觉察到自己被情绪绑架了，马上止住，反思一下这种情绪是怎么产生的，改变自己的想法、做法和互动模式，那么我们可能就不会再次吵架了。

我变了，对方也会改变。我在当下改变了结果。我在当下改变了过去、现在、未来。

第九节

换个角度看《西游记》

你看过《西游记》吗？我们一般会认为唐僧属于正义的一方，而蜘蛛精、牛魔王属于邪恶的一方。如果换个角度看《西游记》呢？唐僧要经过九九八十一关，才能够取得真经。这九九八十一关的各个关主，无论是牛魔王、蜘蛛精，还是其他什么妖怪，都是守关的关主，而唐僧跟猪八戒、孙悟空、沙和尚、白龙马，这五个"贪、嗔、痴、慢、疑"的代表却想要夺得真经。这样理解的话，谁是好人，谁又是坏人呢？

从人的角度、东土的角度去看，他们是去西方取经。他们要经过九九八十一关。假设这些关是山海关、居庸关、玉门关。我们知道，这些关口是古代人民为了防止外族入侵而修筑的。假设我是其中一个关口的关主，那么在外族人看来，我就是蜘蛛精、白骨精、牛魔王。他们认为我是妖怪，可是我自认为是关主啊！只要换个角度，很多东西就跟以前不一样了，对不对？

我常开玩笑说，唐僧他们这一伙人，代表着贪、嗔、痴、慢、疑，还有执着与妄想！从这个角度看，唐僧一伙人便是无明的普罗大众，而那些守关的才是修行很好的。他们为了守护该守护的东西化为蜘蛛精、白骨精、牛魔王，化为无我，不在乎形象。只要能够守住真经，他们怎样都可以。总之，没有绝对的好人，也没有绝对的坏人。

第十节

想要变得更好，又不想改变自己

　　我们在一生当中常常需要做出改变。很多人想要变得更好，可是又不想改变自己。因为改变是很吃力的，改变是痛苦的。改变需要我们付出很多。人总是希望既能变得更好，又不需要辛苦。但是天下哪有这种好事？

　　人们因为懒得辛苦付出，向往"咻"地一下就发生改变，所以越来越不老实，越来越习惯于投机取巧。在这种心态之下，我们可以看到社会上出现了很多标榜快速改变的机构，它们的宣传语五花八门，比如10天减肥20斤、30天练就魔鬼身材，等等。可是，事实证明，这些机构只是打开了你的钱包，并没有让你发生改变。因此，吃饭的时候，要老老实实咀嚼，营养才会被吸收；喝茶的时候，要小口小口品尝，茶才会有滋有味。

第十一节

接受不同与欣赏不同

人这一辈子要学会接受不同，还要学会欣赏不同。接受不同与欣赏不同都属于高级思维。为什么这么说呢？在一群同行的动物当中，我们很难看到别的动物。狮子总是和狮子一起出没，斑马总是和斑马一起寻找水源，长颈鹿总是和长颈鹿一起觅食。总而言之，动物一般都是和同族群的动物一起活动。只有人会养宠物，人会跟不同的动物生活在一起，因为人是高级动物，生活在高维空间。

我们用这个逻辑来理解一个人的思维水平越高，他的心胸、格局就越大。他可以民胞物与，仁民爱物。他可以接受不同与欣赏不同。因此，他可以跟不同的动物生活在一起。

同样的道理，如果你无法和他人生活在一起，和平相处，接
受对方和你不一样的地方，欣赏对方的不同，那么这说明你
的境界不够高，生活在低维空间。

第十二节
用另一种心智看问题

　　不管是喂母乳还是喂牛奶，当母亲在喂奶的时候，她一般会产生一种安详、幸福的感觉。但是如果她开始"动脑筋"，计算养孩子的成本、时间、回报，那么这种感觉就会很快消失。她只看到自己在喂孩子，却没有看见孩子也在滋养她的灵魂。

　　心智不同，看问题的角度也不同。当父母跟你讲话的时候，你是听到了父母的唠叨，还是感受到了父母的那份关爱？很多人会对父母说，"你们讲过很多次了，又在说了""那个落伍了，过时了"。如果换一种心智看问题，那么你可能会感受到父母对你的爱，这时候他们说的话都会很顺耳。

　　很多时候我们走的不是心，而是脑，所以看不见他人对自己的好，感受不到他人对自己的爱。当我们习惯"走心"的时候，很多事情就会大不同。

第十三节

我们常常被自己以为正确的道理绑架

有一位王太太在煮饭的时候发现盐用完了，就跟隔壁的周太太借，刚好周太太有一包没拆封的盐。第二天早上，周太太想王太太怎么还没有还自己盐。中午的时候，周太太又想起了这件事。晚上的时候，周太太还是不能释怀。一过三十年，周太太每天起码有三次想起那包盐，还不包括平常和别人聊到那包盐。这三十年来她一直对那包盐念念不忘。可是三十年来，王太太逢年过节就会送东西给周太太。但周太太认为那些东西不算。她说："因为盐是王太太借的，而其他的东西是王太太送给我的。"

为什么有时候我们也像周太太那样执着？因为我们被自己以为正确的道理绑架了。这个道理叫作"有借有还，再借不难"。"那个是借的，平常收的东西是对方送的，不算还。"你拿一个世俗的道理当真理。那么你能不能放下它？法无定法，何况非法，这些都是可以放得下的。你会发现，人的执着有时候会带给人很多苦难，让我们放不过别人，也放不过自己。其实王太太已经忘记借盐的事情了，可是周太太记了三十年！

有人跟我说，她刚嫁到婆家的时候，第二天小姑子不是特别热情，然后这种印象就留在她心里面三十年。小姑子结婚的时候，她也没有给小姑子好脸色看。后来，小姑子的孙子都快结婚了，她还是不给小姑子好脸色看。她说："因为我当初嫁过来后，第二天小姑子吃饭的时候没有跟我说'谢谢'。我在家从来没有煮过饭，我煮给她吃，她居然没有给我好脸色！"这样一件小事，她居然记了三十年。人真不是一般的生物！

不妨问问自己，你的格局、心胸如何，有没有觉察自己的能力。

第十四节

此刻正是修行时，此刻正是修因时，此刻正是解脱时

　　假设我的手上有一杯海水，你的手上有一块皮破了，我把海水淋到了你的伤口上，你会怎么反应？"哎哟，好痛，你怎么搞的，我的手好痛哦！"一般会这么反应吧？还有一种反应可能是："哎哟，我现在才发现这里破皮了！"很多人会选择直接反击，而不在乎自己哪里有问题。当一杯海水淋到你的手上的时候，你会有刺痛感，当下的反应是发飙、反击，而不是说："哎哟，谢谢啦。如果不是你碰我，那么我还不知道这里破皮了呢！"人常常是这样子的，被对方碰一下就马上反击，格局很小，境界很低。我们很少会自我反省。

我们一生基本上就在忙于反应，而不是冷静下来，主动作为。所以我们根本就是活在过去。我们能否活出全新的自己，知道自己的人生可以怎么过，而不是忙于对各种事情做出反应？

此刻正是修行时，此刻正是修因时，此刻正是解脱时。你会发现，忙于反应的你经常重复过去，你活在"惯性模式"中。你会发现，你跟你的伴侣的互动模式是固定的，你跟你的父母的互动模式也是固定的，你跟同事的互动模式也是固定的。

我们基本上活在某种惯性模式当中，也就是说，我们虽然身处现在，却活在过去。我们没有冷静地觉察此刻的生命状态，一直在忙于反应，好像用过去的经验很快就解决了问题。但是，经验可以让你快速反应，却很难让你创造不同。当你能够进行自我觉察的时候，你会发现，在同样的事情当中，你也可以看到之前看不到的东西。

第十五节
心智模式要改变

你还会遇到的都是你没有解决的问题。比如说,我跟朋友吵完架之后决定老死不相往来,然后各奔东西,无问西东。几年之后我俩又相遇了,结果又吵起来了。这说明什么?说明我俩都没有成长,都活在过去,过去的问题依然存在。

在一个故事中,有两个人都是乞丐,总是争地盘。有一天,一个人变富有了。他不再去跟另一个人争地盘了,因为他已经不再处于那个贫穷的状态了。如果他还想争,那么说明他还是一个乞丐,顶多是丐帮的帮主。

总之,你遇到的问题都是你还没有解决的问题。如果在新的情境中,你还受困于过去的问题,那么你就是在重复过去的悲剧。这时，你的"新瓶"里装的是"旧酒"，你的内在没有更新。我们常说，"苟日新，日日新，又日新"，对不对？然而你可能是"苟日旧，日日旧，又日旧"。

要想从过去走出来，活出全新的自己，你的心智模式就要改变，你的心胸格局也要改变。就像我们说的周太太的那一包盐，如果你一直坚持那一包盐是借的，借的就要还，那么你会发现，你被一个世间的道理给绑架了，你的心智模式是僵化的。

第十六节

有多少人活在真理当中？

我从小就开始探讨生命科学。在研究所读书的时候，我研究的是遗传工程学。要知道，三十年前，那可是尖端科学呢！我考研究所的时候，成绩位于"国立台湾大学""国立中山大学"的榜首。那时候，我意气风发，想来真是十分傲慢！

多年的科学熏陶让我的逻辑思维特别强。我学了很多道理，然后用道理到处"砍人"。只要是不合逻辑的，只要是"神叨叨"的东西，我一概不信。只有合乎逻辑的、我接触过的、我体悟得了的事物，我才相信。但是，当时我不也是在迷信自我、迷信道理吗？

可是，有多少人是活在真理当中的？据我观察，大部分人都是活在自己的道理中，很少有人活在真理中。就连关于快乐这件事，很多人都有自己的道理。他们认为这样才是快乐的，那样就不快乐。所以要让他们快乐不容易。他们用自己的标准框定了一个范围。发生在这个范围里面的，他们才可以接受，才称之为合乎道理的。在这个范围之外的就是不合乎道理的，是他们无法接受的。在这个范围里他们才感到快乐，在这个范围外他们就感觉不快乐。所以，要让他们快乐不容易啊！

第十七节
女儿教会我很多

　　我女儿在上幼儿园小班之前，长得像"米其林轮胎先生"。从幼儿园大班开始，她要学拼音。她跟我一样，发音不准，无法区分一些声母的读音。我就开始担心了，因为现在很多小学老师都认为孩子们已经在幼儿园学过拼音了，所以等女儿上了小学，老师可能不会仔细给她讲拼音。

　　于是，我就跟女儿说："如果你现在没有学好拼音，那么你上了小学之后就跟不上语文课的进度了，其他科目也会学不好。之后，你在整个小学阶段就会一直跟不上。"

　　我这样讲了两三次之后，有一天，大概是八月中下旬，台湾的天气很热，我正躺在凉席上吹冷气。我女儿跑来跑去，最后趴在我身上，用很诚恳的眼神看着我，说："爸爸，我问你呀，难道拼音没有学好，就不是好孩子吗？"听到她这样说，我的心"揪"了一下。

从此，我被女儿下了魔咒。每次她拿成绩单回来，我就含着眼泪、带着微笑，对她说："加油哦！"因为只要她某一科考不好，比如数学考不好，我就会想到一句话："难道数学不好，就不是好孩子吗？"

她到小学六年级快毕业时，倒数第二次考试的成绩位于班上倒数第三名。公布成绩的那天是星期三，我接她回家。回家后，她把冰箱中可以当下午茶的点心拿出来，打开电视看《天线宝宝》。我说："这不是幼儿园小班的孩子才会看的吗？"她说："很好看呢！"我当时心里的火直往外蹿。我心里想，星期三只上半天课，她赶快把功课补起来啊，不然上了初中，会跟不上。初中跟不上，就考不上好高中、好大学，就找不到好工作、好老公……我越想就越气。突然她站起来，进了房间。我以为她懂事了，可能要读书了。结果进去不到两分钟，她拿了个纸箱出来，把所有的芭比娃娃拿出来，帮它们设计不同的发型，然后继续看《天线宝宝》。我当时快气炸了。

这时候，我的脑海里突然出现一个画面。什么画面呢？在孩子上幼儿园大班之前那个只是单纯地爱着孩子的我不见了，那个可爱的女儿也不见了。我看她不舒服，她看我也不舒服。为什么呢？因为我是状元，又是开补习班的，孩子这样，不是负面广告吗？我心里想，自己怎么遇到一个"冤亲债主"啊？

然后我的脑海中浮现出了期待、要求、成绩。当我用期待、要求、成绩去看女儿的时候，火就起来了。当我把期待、要求、成绩放下的时候，再看女儿，就会发现她乖乖的，身体很好，没有乱交朋友，也没有什么坏习惯，把房间整理得很好。在小学二三年级的时候，她回到家就帮我按摩，还会问我要不要涂精油，按摩之后会在一张表格上盖章，盖满六个章还会送礼物给我。到了四年级的时候，她会用漂亮的喜饼盒子盛水果、放牙签、放纸巾，并在上面写：

请安心使用，吃完后叫一声，我下来收。很贴心吧？到了她上五年级的时候，有一次老师让她带平底锅去学校。我问她："读书为什么要带平底锅啊？"她回答："老师说要教我们做松饼。"然后她回来之后，就做了一个菜单，上面有原味松饼、奶油松饼、蜂蜜松饼、红茶、咖啡、奶茶。她会把菜单拿给我们勾选，之后她就会做来给我们吃喝。想到这些的时候，她在我心中又变得很可爱。

我发现我女儿教会了我很多，她让我开始自我觉察，让我看到了自己的执着。当我放下执念的时候，一切都变得很美好。

第十八节
人生最大的悲哀

　　有人总是一副很从容的样子，想必他学习过很多课程。人生最大的悲哀就是没有办法真正去感受人生，提早被剧透了。如果你在看小说，有人告诉你后面的情节是怎样的，那么你可能恨不得捅他一刀。是不是这样？如果你在看连续剧，看到有悬念的情节时，有人马上说："啊！我昨天就看过了。结局是……"你会不会发疯？

　　有些人没有办法真正地放下过去的经历，重新体验一次人生。所以有些人上过很多课程、参加过很多活动后，就会用过去的认知看新的课程。他不知道即使是同样的活动，我们也可以从中获得不一样的感悟。他会说："这些不是一样的吗？"他一直用过去的思维看待当下，以为未来看到的都是一样的，这是多么悲哀的一件事啊！在学习新的课程时，他或许也觉得新的课程与旧的课程相比，老师的表达方式、引导方式是不一样的。可是互动的时候，他立马想到，这个环节他体验过了，表现出一副"课虫"的样子。（什么叫"课虫"？"课虫"就是到处听课的人。）于是，他便无法获得新的感悟。经验很难让你不同，经验只会让你快速反应而已。所以，从小到大，你上过那么多课，参加过很多相同的活动，你是否从中获得了不同的感悟呢？

第十九节

不同的心智，不同的剧本

我曾经看到过一个笑话。有人在公司的冰箱里放了一块肉干，结果他发现肉干不见了，所以他怀疑肉干被其他同事偷吃了。于是他发了一条朋友圈，内容是"我知道你偷吃，但是我选择接受"。第一个评论的人是他的妻子，内容是"对不起"。是不是让人感觉很尴尬？

还有一个笑话是，有位男士外出应酬，喝了很多酒，晚上很晚才回来，回来后西装没有脱、鞋子也没有脱，就躺在床上了。妻子每次看到这种情景都很生气。但每次她都会想：哎呀，他在外面应酬也很辛苦啊！男人有时候会觉得没有应酬就没有分量。想到丈夫的辛苦，妻子便准备帮丈夫脱鞋子。在妻子帮丈夫脱鞋子的那一刹那，丈夫居然说："走开！我是结过婚的男人！"然后把妻子踢开了。第二天早上，丈夫看到一桌比往日更加丰盛的早餐，因为老婆觉得他心里还有自己。那么，假如剧本变一下呢？让我们回到妻子帮丈夫脱鞋子的那一刻。假如丈夫说："你是哪里人啊？"那么可想而知，别说妻子给他准备早餐了，床都不一定让他睡。

第二十节

享受睡不着的时光

有时候我会三更半夜醒过来，然后开始写东西。最近我醒来的时间又提早了，夜里十二点半就醒过来了。你有没有睡不着的时候？睡不着的时候，你的心态是怎样的？会不会很烦躁？你可能明天还要上班，怕精神不济。但是我不用上班，随时可以补眠。一般睡不着的时候，大部分人会跟睡不着对抗，或者"数羊"，一只羊、两只羊、三只羊……但是我觉得睡不着就睡不着，睡不着就做睡不着时可以做的事情。你可以起来写写东西，听听音乐，煮碗面吃，拖拖地板，等等。反正你不用跟睡不着对抗。睡不着就睡不着，你要享受睡不着的时光。

我们一般都是白天醒着，很少享受深夜的宁静。但是如果你到乡下的话，那么清晨你会听到虫鸣、鸟叫，还有鸡鸣。现在乡下的公鸡都疯了。因为有各种人工光源，所以公鸡不只在太阳出来的时候"喔喔"叫，一点钟也叫、两点钟也叫、三点钟也叫。我有一次去我爸爸家里住，住了一晚，感觉非常痛苦，虫子叫了一整晚，鸡、狗也叫了一整晚。我觉得乡下已经不像我们想象中的那个样子了。现在的乡下，晚上还是灯火通明的。

听说空姐的生物钟常常会紊乱，特别是飞国际航线的。所以她们看上去漂漂亮亮的，但几年之后岁月的痕迹就会十分明显。生物钟一紊乱，你的心理会不会受影响？会的。有时候我睡眠不足，除了容易长口腔溃疡、口臭，还容易发脾气，做出的判断往往没有那么理性。所以生理会影响到心理，甚至会影响到心智。在这个时代，我们如何去调整自己的身心，是很重要的。

第二十一节

心随境转

　　当我们的内在能量不够的时候，我们常常会被环境因素影响。如果有人对我微笑，那么我就会心里想："哎哟！她一定很喜欢我。"我就会觉得很快乐。一般人在看到别人对自己微笑时都会感觉快乐吧？

　　但也有例外。上学的时候，有一次我从学院回宿舍，当时是凌晨一点。学院旁边有个草坪，旁边有盏路灯，刚好路灯下站着一个女生。虽然离她还有十几米，但是我能看到她突然对我微笑。当时我想："她是人还是鬼？"所以这种情境下的微笑，是会令人害怕的。这件事已经过了三十几年，我至今都不知道她是谁。当然，在正常情况下，我们看到别人对自己微笑后，心情是喜悦的。

　　人在不同的时空看到相同的场景，感觉是不一样的。我在中国看到你，跟我在异国他乡看到你，会产生不同的感觉。十几年前，我去印度尼西亚时，刚好当地发生一场大暴动。机场被包围了，飞机不能立马着陆。等到下飞机后，我看到了来接机的熟人。当时，我看到她感觉就像看到妈妈一样亲切、安心，你知道吗？因为我当时感觉胆战心惊。那个时候印度尼西亚是排华的，所以说我去的时候看到一个熟悉的人来接机，那种感觉真的就是"他乡遇故知"。我比平时见到她时更快乐，为什么？因为她给了我安全感。

第二十二节

生活告诉我们很多事情是可以同步的

　　绝大部分人活在生存阶段，不懂得生活，更不懂得成长，天天两点一线，赚钱、存钱，赚钱、存钱，赚钱、存钱……很多人活一辈子不过是结婚生子，吃喝玩乐，做点慈善事业，很少有人进入成长阶段。

　　很多人的思维是线性的，以为生存问题解决了，才可以生活，以为生活没问题了，才可以去成长。

　　关于线性思维，我这里有一个最普通的例子。有的人一次只能做一件事情，做两件事情就乱了。他煮饭的时候一定要一道菜慢慢炒，炒完之后再来炒第二道菜，不会同时煮两三样。我做饭的时候，半个小时之内一定要做完。后来我觉得半小时还是太长了。我会同时利用三个炉子，以及电饭煲、微波炉、烤箱。一顿饭六七道菜，十几分钟就搞定。但是我妻子是一道一道菜做，常常她八点回来，我十点半才能吃上晚餐。

有人开车的时候，如果你跟他聊天，那么他就会开错路。他无法一心二用。我只是想告诉各位，很多人是线性思维。用金字塔来比喻生活的话，那么在他们看来，生存在最底层，生活在中间层，成长则在最高层，只有解决了生存问题，才可以生活，只有解决了生活问题，才可以成长。但是，如果我们把金字塔的一边切开呢？或者把它倒过来呢？

生活告诉我们，很多东西是可以同步的。你工作的时候可以同时交朋友和孝顺父母，可以同时成长和做慈善。但为什么你思考人生的时候思维又变成线性的了呢？

你在工作的时候可以同时生活，比如说，你是一个汽车驾驶员，是开卡车的，那么你可以在车上放一些书、茶具，放一个咖啡机、一张小桌子，在某个时间可以开到公园旁边的大树旁，把简易桌椅搭起来，泡杯茶，看看书。你在谋生的同时，可以好好生活，因为也许你的谋生阶段会很长。

不要说，这十年我要谋生，十年之后我再好好生活。生活早就告诉你，你在工作的阶段可以结婚生子，可以去旅行，也可以享受生活的乐趣。在这个过程中，你不是也在不断地成长吗？只要开始觉察，你会发现生活可以教给你很多东西。

第二十三节

人生所为何来？

　　想象一下现在我们走在草原上，黄昏之后迎来了夜晚，所有人都躺下来，仰望整个星空。你会不会瞬间觉得自己非常渺小？如果你生活在草原上，天天都能看到璀璨的星空，那么你会不会每天去思考人生存在的意义和价值？我想你会的。可是我们很多人生活在都市里面，仰望星空时看不到星空，都是雾霾。我们很多人每天要埋头苦干，捡地上的芝麻，就这样过了一生，从来没有思考过生命存在的意义和价值是什么，此生所为何来。

　　很多人的灵魂非常贫穷，穷到没有探寻真理的渴望，穷到不知道可以活出真实的人生。从现在开始，不妨试着问问自己。我记得自己十岁左右就会问自己："难道我要跟一般人一样读书、考试、工作、赚钱、结婚、生子、养家，就这样过一生吗？难道人生下来就是为了读书、考试、工作、赚钱、结婚、生子、养家吗？难道人生就只能活成这样吗？这也叫人生吗？"我会去问自己，人生是不是只为了读书、考试、工作、赚钱、结婚、生子、养家，然后呢？我会去探寻自己生命存在的意义和价值是什么。

第二十四节

生死无常

　　我想我们中很多人多少会浮现一个念头，那就是"人生最重要的是要活得开心、有意义"，但是很快这个念头就被日常琐事给冲走了。什么时候这个念头还会浮现？有一天，朋友的父母、爷爷过世，我们去上香的时候，我们会告诉自己，想开一点，人生最重要的是要活得开心、有意义。但是，上完香，车子一骑，我们又去到红尘之中，忘记了刚才的思考。因为在通常情况下，只有在面对生死时，我们才会问与生死相关的问题。

　　再比如说，你有一个亲人在加护病房，一天你去探望他。看到躺在加护病房的人在生死之间徘徊时，你就开始想，人不要活得那么匆忙，要开开心心地活，要看重生死这件事情，要活得有意义……你思考了很多人生问题。等你从加护病房出来之后，不到三分钟，你车子一开，又忘记了刚才的思考。就这样，你匆忙地活了一生，却不知道为何而活。那么，在日常生活中，你可不可以也带着关于生死的思考去生活呢？

第二十五节

用什么来安顿身心？

我们活得太过世俗化，大部分人都在追求物质生活。现在我想请你冷静思考一下，除了物质之外，还有哪些值得追逐的东西？

你现在的专业能不能够支撑你活到老？你用什么支撑你的人生下半场？假设你是一名牙医，65岁退休，活到80岁，那么65到80岁的这15年，你用什么支撑自己的生活？用牙科的专业知识吗？我想不能。你无法用它来支撑你的人生下半场。它顶多帮助你谋生。那么，你用什么来支撑你的人生下半场？再比如你是学会计的，那么会计的专业知识能够陪你到老吗？这也不能陪你到老，因为那些专业知识无法减少你的烦恼，也无法让你摆脱恐惧、不安。如果烦恼可以用权力、金钱买断的话，那么那些有权力的人、有钱的人早就没有烦恼了。

那么，你用什么来安顿你的身心呢？

第二十六节

想法本身不是问题，最大的问题是你有一颗执着的心

你可以有想法，想法本身不是问题。最大的问题是你有一颗执着的心。

不要怪外在的东西诱惑你，而要怪你有一颗容易被诱惑的心。色迷心窍的人会说："哎呀，她长得太漂亮了，我被她迷倒了。"色不迷人，人自迷。犯罪的人会说："都是他让我犯罪的。"他在往外寻找原因，有没有？

要怪就怪自己定力不够，容易被诱惑，而不是那个人、那个东西本身！我想告诉你的是，得失不会困扰你，会困扰你的是你有一颗看重得失的心。想法不是问题，最大的问题是你有一颗执着的心。

第二十七节

看见自己，明白自己，调整自己

你应该是灵活的，而不是僵硬的。你要能够看见你自己，明白你自己，然后去调整你自己。如果你不认为自己有问题，那么你是很难调整、改变你自己的。只有你发现自己是有问题的，你才会愿意改变。

有的人跟别人讲话的时候是有口头禅的，可是他自己没有发觉，别人又不好意思告诉他。一般我们都不好意思讲啊！有一天，有人跟他讲了这件事之后，他或许会止住，但是没过多久，他就会换一个口头禅，好像没有口头禅，他就不习惯一样。这说明他还没有对自己有足够的觉察。

有人说自己悟性很高，可是活得很有个性。其实他的悟性还不够高。悟性不够高，才会活得非常有个性。他只能容纳这个，很难容纳那个。我们常形容弥勒佛的大肚能容天容地，无所不容。这说明什么？说明他没有分别心。有分别心的人通常是有棱有角的，没有分别心的人通常没有个性。

第二十八节

如果一巴掌能够让你醒过来，那么这一巴掌就是慈悲

什么叫慈悲？慈悲不是做"好好先生"。如果一巴掌能够让你醒过来，那么这一巴掌就是慈悲啊！谁说一个人慈悲就是只能对他人好？一个爸爸对儿子说："你好棒哦！做你喜欢做的，做好做坏都没有关系。你要是撞死人，爸爸也能帮你顶着。"这是不应该的，不是怎样都对他好才叫作慈悲，才叫作爱。"文王一怒天下安"，这"一怒"就是慈悲。如果一巴掌可以让你醒过来，从此改变人生，那么这一巴掌就是慈悲。

现在有几个人可以接受别人这一"巴掌"的？我曾经尝试过这样对别人，指出对方的缺点，然后对方就不理我了。

其他人听说了，也不敢搭理我了。真的没有几个人可以接受这一"巴掌"。

因为你还没有到山上，还在爬山的路上，所以你这一路上还需要让他人巧妙地引导你。到了山上后，你才能承受别人的一"巴掌"。

第二十九节

人的意识、想法、认知是非常有限的

人的思想通常都很狭隘。人类能够测量的物质只有不到5%，对于大概95%的东西人类是测不出来它含有什么物质的。人类能够真正运用的大脑潜能也只占5%左右。所以人很难活出5%以外的人生，除非你突破你的思想境界。

我们在生活中可能会遇到一类人，他们有别于一般人，他们的言行举止、人生观、世界观、价值观跟我们的不太一样，他们的能量也很不同，因为他们突破了自己的思想境界，从不同的角度看见了不一样的世界。

我只想告诉各位，人的意识、想法、认知是非常有限的，所以不要执着于某个想法、某件事，而是要突破自己的思想境界，做不平凡的人，看到不一样的世界。

第三十节

每个人的学习方式是不一样的

在来听我讲课的人中，有些人是视觉型的，有些人是听觉型的，有些人是探索型的。给视觉型的人上课，一定要有东西可以让他看。听觉型的人上课时会特别注意声音。探索型的人一定要通过活动来学习。

每个人的学习方式是不一样的，但是一般的教育方法都是针对视觉型的人设计的，因为对于大部分人来说，百分之六七十的信息是通过视觉系统获取的。我认为，好的课程应该是多元的，要能够充分调动学生的各个信息获取系统。老师要进行多媒体教学。课不能只是讲出来，还要演出来。很多听过我讲课的学生会发现，我的课堂上没有那么多规矩，一节课下来并没有多少内容需要记在本子上。我还会给学生分组，方便他们就某个话题进行讨论，以便达到更好的学习效果。

第三十一节

傲慢的人类

现在的人大都很注重养生，但是人终有一死。你看过《泰坦尼克号》这部电影吗？在电影里，有一个情节是男主角站在船上，说："I'm the king of the world."你可以想象一下，一只蚂蚁说："I'm the king of the world."这时候有个人经过，踩了一脚，"咚"的一声，它就死翘翘了。再想象一下，一只蟑螂说："I'm the king of the world."又有一个人经过，踩了一脚，"咚"的一声，它也死翘翘了。现在，你是否能够想象一个人说"人定胜天"？然后，一道闪电劈下来，"轰隆隆"，这个人也死掉了。

或许每只虫子、每个人都觉得自己很厉害。但是在绝对的力量面前，我们不堪一击。对于傲慢的蚂蚁和蟑螂来说，这种绝对的力量是人。对于傲慢的人类来说，这种绝对的力量是大自然。所以我们都很渺小。可是越渺小的人有时候越自我。人类，是时候放下自己的傲慢了！

第三十二节

跟你在一起真的不容易

　　你知道吗？别人跟你在一起不容易。你有自己的情绪、个性、想法，有时候你甚至拿自己也没办法。别人要跟你在一起，真的很不容易。那你是否能体谅别人呢？如果你够了解你自己，那么你可能都不想跟自己谈恋爱。如果你够了解自己，那么你可能都不想嫁给（娶）自己。连自己都不想跟自己谈恋爱，连自己都不想跟自己生活在一起，那别人跟你在一起，你是不是要感谢对方？

　　你看，我们甚至不能全然接纳自己，连照相时都要摆特定的造型。为什么有人会侧过脸拍照？因为他喜欢自己的左脸胜过喜欢自己的右脸，他对自己也有分别心。为什么有些女孩子喜欢拍半身照胜过喜欢拍全身照？因为她们觉得自

己的腿太粗，只接纳自己的上半身。一个人对自己都不能全

然接纳，何况是对别人呢？有了这种理解，你能否从现在开

始，学会包容、接受跟你不同的人、事、物呢？

第二章

不同的心智，不同的剧本

第三十三节

当下你在乎的呈现了你的生命状态

人的一生会发生很多事情。事情本身不重要。事情发生之后，你用什么态度去面对它、超越它才是最重要的。他人可以从你面对事情的态度看出你的格局、你的心智模式、你的生命境界，以及你在乎的是什么。事情发生时你的情绪、格局、心智都在呈现你的生命状态。

如果一根骨头丢下去，狗过去抢，你也去抢，那么说明你的生命境界跟动物的生命境界是差不多的。我们常说，你的等级是怎样的，要看你的对手。你是在路边卖苹果的，你的对手应该不是苹果公司吧？你的对手应该是另外一个在路边卖水果的，对不对？总之，看看你的竞争对手，你才能知道你的等级。如果你天天跟他斗，那么不要太高兴，因为其实你的等级跟他的是一样的。

第三十四节

当你真正爱一个人的时候

结婚是为了什么？幸福。可是大部分人结婚之后，就会开始以交易模式相处：我煮饭，你就要洗碗；我洗衣服，你就要拖地；我早上上班带孩子去上学，你傍晚下班就得带孩子回家。我们喜欢公平合理地分配，喜欢讲道理。这本没有什么对错，可是幸福的感觉却不见了。

一个人在谈恋爱的时候，如果外面刮着风、下着雨，他的女朋友说"我肚子饿"，那么对这个人来说，再远也要把东西买回来，然后点上蜡烛，和女朋友一起吃。这看起来很幸福，对不对？因为爱，所以不计较付出，只感到幸福。可是，结婚之后，这个人开始要求公平，然后幸福就不见了。如果你和他一样，那么不妨问问自己，你结婚是为了公平，还是为了幸福呢?

　　当你爱一个人的时候,你不会去计算成本。当你真正爱一个人的时候,心里没有交易,公平不公平、合理不合理的想法不会跑出来。因为爱,所以幸福满满。结婚后因为要公平,所以幸福消失了,你也进入了爱情的坟墓。你要到公平了,幸福却不见了。从这个角度看,对于很多人来说,每年的结婚纪念日就是扫墓的日子。

第三十五节
错误的联系

　　以前有个人开车，在黄昏的时候经过一个山区，结果右后方的轮胎破了。等了半天，没有人经过，他只好下车自己换轮胎。山的旁边是一个斜坡。他不是换轮胎的专业人士。在把轮胎取下来后，他把几个螺帽放到一边，然后准备安备胎，结果螺帽掉到山坡下去了。那时候是黄昏，什么也看不见，他在山坡上根本找不到丢失的螺帽。但是如果只是把轮胎放上去，不用螺帽把它固定起来，那么这个轮胎是不能用的。他只好硬着头皮往前走，想看看能不能找到人帮忙。大概走了二十几分钟后，他打算放弃了。然后他看到前面有一所大宅院。他心想，哇，终于有人了！但是很快他发现，那是一所精神病院。他探头一望，院子里面有一个人，看起来精神有问题，但总归是个人。他进去之后，就跟对方讲了自己的遭遇。那个人说："很简单，你还有三个轮胎。你可以各取下一个螺帽把第四个轮胎锁定，就可以开车下山了。"他觉得对方的主意不错，便对对方说："你这么聪明，怎么在这里啊？"对方说："我是疯子，又不是傻子！"

我们一般会把疯子跟傻子联系在一起。这是一种狭隘的认知。一个人的认知里有这样错误的联系，会不会太可怕了？

我们每个人都活在自己的想法里面，通常非常自以为是。所以下次当你遇到经常跟你在一起的伙伴时，记得跟他握个手，跟他说："跟我在一起，你不容易啊！"

第三十六节

找到一个生命的仰角，学着离开自己来看自己

一只虫子掉进一个脸盆里，会一直绕圈圈。如果我们人为地把那只小虫放在高一点的地方呢？它可能会站在新的高度，从新的角度思考。它会看到，原来自己走的不是直线，而是弧线。如果我们再把它的位置提高一点点，那么它可能会发现，原来自己在绕圈圈！

之后如果我们把这只虫子从高一点的地方，再放回它原来所处的位置，那么它看世界的眼光会不会不同？会的。因为它知道了当初认为的直线原来不是直线，也不是弧线，而是一个圆圈，知道了这个圆圈的形态是一个大脸盆，大脸盆的旁边是一堵高墙。这时候，它虽然也不得不绕圈圈，可

是它可能会找到一个角度，慢慢绕，只需要绕几圈就绕出来了。它的一生开始改变，因为它看清楚了自己所处的环境是怎样的。

那么，你是在盲目地绕圈圈，还是找到了生命的仰角，从新的角度看待自己的生命状态、看待自己？不妨学着离开自己来看自己，离开情绪来看自己，离开自己的想法来看自己，离开自己的环境来看自己。这就是古人所说的"不识庐山真面目，只缘身在此山中"。要识庐山真面目，就必须离开庐山看庐山。

第三十七节

大家都被困在谋生的阶段，而忘记了理想

我记得有一首歌是这么唱的："理想，你今年几岁？"在上大学之前，很多人还没有明确自己的理想，不知道自己到底喜欢做什么，未来可以从事什么职业。对此，很多学校的教师会给学生做心理测验，以帮助学生了解自己的兴趣爱好、人格特质。在国外，很多学校每隔一段时间就会给学生做一次心理测验，然后心理老师就会根据测验结果跟学生互动、面谈。几年之后，心理老师会根据学生这几年的测验结果反映的趋势，再跟学生聊一聊，帮助学生明确自己的兴趣、爱好和职业倾向，了解自己。老师会引导学生收集他所关注的行业的资料，了解行业动态，接触行业中的人，等

等。在老师的帮助下，很多学生在进入社会前便明确了自己的理想。

中国一年大概有七百多万大学生毕业。每年七百多万人带着理想从学校走出来，踏入社会。但是没过几年，很多人似乎变得现实起来，被困在谋生的阶段，忘记了理想。当然，还有一些人始终坚持自己的理想。人类因梦想而伟大，因梦想而美好，对不对？

第三十八节

你会看见什么，跟你的心智水平有关

如果你的心智是二维的，那么给你一个具有长、宽、高的立体图形，你可能看到的只是一个面，而看不到立体的图形。如果你看了半天还是看不到立体的图形，那么你必须问问自己为什么看不到。因为你会看见什么，常常跟你的心智水平有关。如果你的心智没有达到某种水平，那么即使你看到了某些东西，你也会视而不见、听而不闻。

当你的心智水平提高了之后，你能够看到的世界就会不一样。能够看到原本一直被你忽视的东西或者之前你一直看不见的东西，这是多么美好啊！

第三十九节
我本身就是一个开关

　　佛家讲"定慧等持"，儒家讲"知行合一"。很多人只是在"定"和"知"的阶段。喜欢清静的人和清静的人不能等同。前者是喜欢清静，向往清静，想要生活在清静之中。看似清静，实则活得很自我。他只是喜欢清静，却没有享受清静。

　　你有没有发现自己也一直活得很自我，却没有察觉到这一点？自我的维度是很小的。有一种人的能量很强，因为他们"无我"，所以可以"无中生有"。而活得很自我的人通常能量不足，就只能是一种样子，不能是另一种样子。当一个人能化掉自我的时候，他的能量就可以全部打开。

　　每个人本身都是一个开关。自我的人处于关的状态，无我的人处于开的状态。处于不同状态的人的体悟是不一样的。自我的人未必能看到无我的人能够看到的东西。"佛法在世间，不离世间觉。"只要能化掉自我，人可以觉察到很多东西。而很自我的人能觉察到的东西就比较少。

第四十节

应而无所住，可以进入任意门

　　每个维度就好像一扇窗。动画片《哆啦A梦》里的机器猫有一扇"任意门"，可以让人去到任何一个时空。当你卡住、闯不过、看不清、弄不明、被一个东西局限住的时候，你是否会幻想有一扇任意门，让你看见自己的局限，而不被局限？看见局限而不被局限，看见自我而不被自我所束缚，这是一种很高的境界。

　　人都有"自我"。这个自我容易被迷惑，"应而有所住"，让人执迷不悟，因爱恋而想要占有。只有少数人能够对人、事、物止于爱恋，应而无所住，因为他们找到了自己的"任意门"，能够看见自己的局限，而不被局限。

第四十一节

弦外之音

　　人的眼睛只能看到一定波长的光。超出这个波长范围的光我们是看不见的。可是，你看不见的光并不是不存在的。借助高科技精密仪器，我们能够扩大人眼可识别的光线范围。比如说借助红外线夜视仪，在黑暗的环境中，我们可以清楚地看到平时看不到的东西。我们的耳朵只能听到一定频率范围内的声波，超出这一范围的声波我们听不到，但这不能说明这些声音不存在。同样借助高科技精密仪器，我们能够捕捉到我们用自己的耳朵听不到的声音。总而言之，我们受限于自己的生理状态，对世界的认识通常是不全面的。

　　古人注重开悟，其中一个意思就是打破自己的局限，不让自己的认知被生理状态、心理状态所限制，听得懂"弦外之音"。作为更加文明、开化的现代人，我们是不是要向古人学习呢？

第四十二节
己欲立而立人，己欲达而达人

很多人都希望别人先改变，很少有人会觉得需要先把自己的状态调整好。但是我们说"己欲立而立人，己欲达而达人"。自己都没有做好榜样，又谈何让别人先改变？

假设我和你两个人都跌倒了。接下来，一种选择是我站起来了，回去洗了个澡，回来再把你拉起来；另一种选择是我站起来的时候，顺便把你也拉起来。你能看到其中的不同吗？我在做前后两种选择时，站的高度是不一样的。

世界上没有完人，顶多有圣人，是不是？那当我们还不是很美好，但是我们想要变得更好的时候，是不是也应该鼓励大家一起变好，陪伴别人一起变得更好？我认为，这是一种积极的心态。

第四十三节

你有没有依赖心理?

你有没有依赖心理?当你有依赖心理的时候,如果依赖的程度从百分之百变成百分之九十,那么你就会开始不安,开始抱怨。不是有个笑话吗?有一个人看到一个乞丐,每天过去给他五十块,后来有一阵子开始给他二十块,最后就只给他十块了。于是乞丐对他说:"你为什么以前给我五十块,现在变成十块?"他说:"我结婚了。"结果那乞丐就去打那个人的老婆,并对那个人的老婆说:"都怪你!让我得到的钱少了那么多!"

这当然是个笑话。那个乞丐没有发现自己已经习惯了对方给他五十块。对不对?原本对方也可以不给乞丐钱的。对方给他的钱从五十块变二十块,再到十块,虽然钱变少了,

但是乞丐并没有损失。那他为什么抱怨呢？对方原本就没有
义务给乞丐钱，可是乞丐已经习惯了对方给予自己那么多
钱。有一天对方不方便给他那么多钱的时候，他的嗔恨心就
出来了。

第四十四节

把依赖别人当成理所当然时，就会抱怨

人在把依赖别人当成理所当然的时候，就是开始抱怨的时候。如果你一开始就认定自己得到的某些东西都是别人给你行的方便，别人没有义务帮助你，那么在得到别人的帮助时，你就会有一颗感恩的心，对不对？别人给你行第二个方便时，你依旧很感恩。别人给你行第三个方便时，你会更加感恩。到别人给你行第四个方便时，你可能就开始给人行方便了。这就是我们常说的"与人方便，与己方便"。可是在现实生活中，很多人在别人给他行第一个方便时很感动，行第二个方便、第三个方便时很感谢，行第四个方便时就开始不知感恩，以为这都是对方应该做的，把对方的帮助当作理所当然的事情。那么，你要做那个与人方便的人，还是不知感恩的人？

第四十五节
学会感恩

　　用一颗感恩的心和用一颗理所当然的心对待别人，是完全不一样的。你觉得你在跟你的伴侣、孩子、父母相处时，用的是哪颗心呢？很多人都觉得父母对自己好是应该的。然后你就会发现，理所当然地接受父母的好意，并不能让你这个人变得更好，相反，这可能还会使你抱怨父母，觉得他们这里做得不好，那里做得不好。

　　不妨想想看，你在生活中已经把哪些事情看作理所当然的了？想清楚后，请换一种思维方式，用一颗感恩的心重新看待那些事情。别人原本可以不对你好，不对你施以援手，但是他们还是选择了对你好，对你施以援手，对此你应该感恩。只有看清楚这一点，你才能够超越自己。

第四十六节

其实你可以很快改变你的人生面貌

别人会在你身上贴不同的标签。被贴了很多不同的标签后，你可能就会想，为什么别人对我的印象就是这样子呢？你也许会发现别人给你贴的标签不一定符合你这个人。那你有没有决心、能力撕下别人贴在你身上的标签呢？比如说，别人给你贴的标签是"胆小"，因为你上课的时候不敢举手发言，平时也畏畏缩缩的。有一天，老师问有没有人想上台分享一下，你一冲动，就站在了讲台上。瞬间你的标签就掉下来了，是不是？别人可能会想，当初给你贴的标签"胆小"是不对的，你比他胆大。

有人天天敷面膜，于是被贴上了"臭美"的标签。突然有一天，他穿着短裤，戴着斗笠，去除草，被晒得黑黑的。

你心想，原来他也能做点实事啊！当他再敷面膜的时候，你可能就不会再说他"臭美"了。因为你在他身上看到了更多。总之，你可以转换你的人生面貌，同样，他人也可能令你改观。

第四十七节
从生活中接受教育

以前绝大部分人没有机会接受学校的教育，现在情况已经不同了。以前的人跟我们不一样的地方是，他们从生活中接受教育。他们总是在生活的点点滴滴中去感受，去学习，去体悟。他们没有那种把人隔起来的"认知围墙"。他们的行动力很强，他们对生命的理解也更充分。

现在，我们中的大部分人在课堂里接受教育，对书本内容的理解能力不断提高，理论知识储备也越来越丰富。可是相对于以前的人，我们的行动力却比较弱。

在大家族里面，老大一般行动力比较强，因为他必须承担更多家庭责任。如果老大想要读大学，那么家里的父母可能会对他说"赶快出去赚钱，帮家里分担一下经济负担，不然弟妹没钱读书了"。他们通常不能读大学，得出去赚钱。因为这样的缘故，老大通常比较务实、敢于承担责任、善于沟通。

我在家里是老幺，事情都被别人做了，我想做也没机会，何况我也不会做。我大哥是从事建筑行业的。我爸爸曾经帮我买了一幢旧的别墅，然后我大哥就帮我全部装修好了。我就是一个这么幸福的人。但是，很不幸的是，我没有机会锻炼自己付出爱的能力，所以我不太懂得如何去表达自己的爱。

生活永远都是我们的课堂。永远不要忘记从生活中接受教育，即便你读过很多书。在生活的点点滴滴中，生命能量才会流动，才会滋养你。

第四十八节

随心所欲而从不逾矩的心智

世上大约有三种人：第一种人比较中规中矩，第二种人总喜欢做出格的事，第三种人则随心所欲，却从不逾矩。对于第三种人来说，在人生这条路上，一路都要好玩。可是这一路要怎样才会好玩？

大家有没有发现我们去某个地方，和人一边聊天一边走，很快就到了？我上课就是这样子的，和学生开开玩笑、听听音乐，就把课上了。

有一家人准备去杭州玩。如果你问他们家里的大人怎样才会好玩，那么他们可能会说要规划好路线，提前安排好食宿才会好玩。可是如果我们问小朋友同样的问题，那么他们可能会说跟好朋友一起去才会好玩。他们觉得只要跟好朋友在一起，即使吃得再简单，也会觉得好吃，即使住得再简陋，也会觉得舒服。

这是不同的心智模式。同样，难道想要有所成就，就必须活得枯燥、无趣吗？

第四十九节

从多个维度思考问题，活出全新的人生

只有少数人的人生是与众不同的。在一部电影里，这些少数人的人生便是主角的人生，大多数人的人生可能只是配角的人生。在现实中，这些少数人是圣贤，是英雄，是伟人。

我们看过那么多或真实、或虚构的少数人的人生剧本。可是为什么绝大部分人还是过着很平淡的一生？我们不是没有参考对象啊！一只蚂蚁虽然跟一群蚂蚁生活在一起，但是它可能看到过蜜蜂、蝴蝶、蜻蜓。只要它想，它便可以做蚂蚁中的蜜蜂、蝴蝶、蜻蜓。

人生只有走出来的美丽。无论何时，我们都可以再创生命的辉煌。其实只要你多几个维度思考问题，你的人生就会大为不同。

第五十节

安住"狗窝"背后是懒得改变的心智

俗话说："金窝银窝，不如自己的狗窝。"这句话背后是什么？背后是懒得改变。不是吗？我安于自己的习惯、习性就好了。为了住金窝、银窝，我还得改变我的生活作息、改变我的饮食习惯、改变我的互动模式，于是我就会想："啊，算了算了，还是回到我的狗窝住着吧！"这就是懒得改变的表现，是不是？

我们看了这么多"回到狗窝"的人生，却没有从中受到启发。狗有不同类型，有人养的狗我们叫宠物狗，没人养的狗我们叫流浪狗。狗还分不同品种，泰迪、吉娃娃、斗牛犬、牧羊犬……对于狗来说，各有各的命运。人也一样，各有各的命运。你打算活出哪一种人生呢？是待宰的人生，还是具有开创性的人生？我们一般会想要活出具有开创性的人生，可是懒得改变，懒得突破人生的局限。我们必须认识到这一点。

如果人生是一趟灵魂的觉醒之旅，那么你的灵魂觉醒了没有？

第五十一节

你尊重别人吗？

每个人都是自己的主人。你是你自己的主人，别人也是他自己的主人。那你有没有打心底里认可这一点，认为别人可以为自己做主呢？就拿上课来说，你可以来上课，为什么伴侣来上课就不行？你想提升自己，伴侣难道就不想吗？很多人会觉得自己可以做什么事情，但是伴侣不可以乱跑，必须待在家里。有人想当自己的主人，却没有办法尊重别人也可以当他自己的主人。人生短短数十载，你想过好这一生，为什么别人不能过他想要过的人生呢？

我们缺少一种真正文明的觉悟。很多人的文明都流于表面，其内在常常不够文明，对人缺少尊重。没有内在的文明，就谈不上有真正的文明。内在文明的人通常有很高的生命格局，态度谦和，与人为善。他们懂得，尊重别人便是尊重自己，是真正文明的一群人。

第五十二节
衣着会承载我们的记忆

衣着也会承载我们的记忆。我记得以前中国台湾的乡村有一种人被称为乡绅。他们会拿一根拐杖，戴一顶帽子，穿一套白色的西装和一双白色的皮鞋。即使到了七八十岁，这些人出门的时候也一定会拿一根拐杖，戴一顶帽子，穿一套白色的西装和一双白色的皮鞋，因为这种衣着承载了他们的生命中最灿烂的记忆。你会看到有人喜欢一直穿牛仔裤。对他们来说，牛仔裤可能承载了特殊的记忆。我读大学的时候基本上都穿牛仔裤，而在人生比较风光的时候都穿西装裤。现在，我已经退休，常常会穿西装裤。

我们小时候过年最期待的就是新衣服，对不对？我小时候过年会穿马甲、小西装、皮鞋，还会打个"JOJO"（闽南语）。"JOJO"不是领带，是一个类似领结的东西。这一切让我看起来像个小绅士。这些衣着承载着我们的记忆。

第五十三节

活在当下，就要舍得过去

你有没有舍得的能力，能不能放下过去的美好，活在当下？

样貌会随着年龄改变。我们都会变老。你能不能舍得你二十几岁的样貌，欣赏自己此刻的样貌？你在每个年龄段的样貌都是独一无二的。二十岁的你，朝气蓬勃；三十岁的你，充满斗志；四十岁的你，成熟稳重。你能不能活在当下，欣赏自己此刻的样貌？

很多人会想自己在六十岁的时候还能保持二三十岁的样貌，七十岁的时候还能保持三四十岁的样貌。他们心里都没有活在当下的概念。从某种意义上讲，活在当下的生命状态就是不念过去、不念未来的生命状态。要活在当下，就要能够舍得。否则，你就会错过你的五十岁，错过你的六十岁，错过你人生的每一个阶段。

有的人上课的时候一直想着下课，下课的时候一直想着作业没写，上班的时候一直想着旅游，旅游的时候想着工作没有做完，小时候急着要长大，长大之后想要回到以前。你是这样的吗？

第五十四节

活在当下，接受、欣赏、经历、珍惜

你可以在生活中践行"活在当下"，对自己拥有的一切，包括物质的和非物质的，说"我接受，我欣赏，我要经历，我很珍惜"。因为爱美，所以你怀念你二十岁时的容貌。但是，活在当下，你会发现七十岁的自己也很美。那是跟二十岁的自己散发出来的美不一样的美。

活到七十岁的时候，你也许会抱怨说："七十岁，这么老！"但是，有人可能都活不到七十岁。如果你有机会去欣赏七十岁的美好生命，那么这不是很好吗？这样换个角度看，是不是可以让你珍惜当下的自己？要活在当下，而不是动不动就想以前，想"往后余生"。

　　无论你现在多大，请活出这个年龄该有的生命状态、活力。当你有一天要离开人世的时候，带着最好的自己离开，这样不是很好吗？

第五十五节

正片和花絮

我们的人生有正片，也会有很多花絮，可是很多人过于聚焦在花絮上。有人天天不务正业，把时间花在各种无关紧要的事情上。如果你问他一天中做了什么，那么他可能自己都答不上来。人生匆匆几十载，时间就这么溜走了。有的人回顾一生，可能想到的全是花絮。

我不是让你舍弃人生的花絮。没有花絮的人生是很枯燥、乏味的。我的课程里也会有花絮的部分，但是除了花絮，还有正课。好比我们去餐厅用餐，有的餐厅会给我们提供小菜，有的餐厅里还会放音乐、表演节目，这都是用餐的花絮。有这些花絮，用餐可以更愉快，对不对？

换个说法，如果你身边通通是圣人，那么你的人生该是多么无趣啊！在人生当中，我们常常需要在正片和花絮之间切换，时而看看正片，时而看看花絮。这样，人生才会多姿多彩，你才能看到不同的景色。

第五十六节

拿得起、放得下的心境和能力

你有没有限制自己？如果有，那么说明你的生命是僵化的，你的灵魂是受束缚的。因为你一直限制自己，所以你无法突破自己。

如果一个人一只手拿了一块铜，那么什么时候他可以把铜块放下而没有任何内心挣扎？是在他看到地上的黄金、钻石时，对不对？这时，他会很自然地放下手中的铜块，然后去拿地上的黄金和钻石。这时，他会思考拿到什么才更好，对不对？他之所以放下，是为了拿到更好的。

但是，并不是贵重的东西才有价值，低贱的东西就没有价值。有一种人会思考得更多，他能看见自己是否有拿得起、放得下的心境和能力。这是我觉得这种人厉害的地方。

你要以怎样的心境和能力来度过这一生呢？你能不能拿得起、放得下？还是说，你只能拿得起，却放不下？

如果你能拿得起、放得下，那么无论在生活中，还是在工作中，你都会感到自在、自如。

第五十七节
人心的状态

在看到好东西的时候，有的人拿得起却放不下，是不是？如果让他放下，那么他就会痛苦得要死。在看到不好的东西的时候，他又是另一种状态，拿不起、放得下。即使他拿得起，也会很快丢给别人。有的人会把自己不想要的通通丢给别人。有一次，我在课堂上做了一个活动，就是让大家把手里的东西传给下一位同学。现在请各位想象一下，你手里有一颗珍珠，那么你会不会舍不得传给下一位同学呢？很多人都会舍不得吧？

那么，如果你手里握着的是一只蟑螂呢？你会不会马上扔给别人？"扔"这个动作代表什么？代表你不想要。你会想把你讨厌的东西赶快丢掉，可是为什么丢给别人？难道他不讨厌这个东西吗？你觉得他不讨厌这个东西吗？他的胆子比你的大吗？东西在你手里的时候，你可能只是害怕，但是你把东西丢给别人的时候，别人可能会心脏病发作。你不喜欢一个东西的时候，就会很快把它传给别人。那么，为什么你很喜欢一个东西的时候却慢慢地传给别人？这不就是目前很多人的状态吗？

第五十八节

抱怨会造成对别人的伤害

有些人很喜欢抱怨。他不是自己在房间里面抱怨，而是找人抱怨。抱怨东，抱怨西，然后听他抱怨的人都跑了，只剩他一个人。有没有这种现象？

你在跟别人抱怨的时候，别人不一定能够"姑且听之"。你抱怨完了，对方却得花时间消化你抱怨的内容，甚至深受其害。对于你抱怨的内容，你自己可能只是闷闷不乐，别人却可能听了你的抱怨之后得了抑郁症，甚至一激动就跳楼了。所以你有没有发现，你可能在无意中害了别人？因为你不知道别人没有自我净化的能力。

心理医生的自杀率很高。别人都跟他倒"垃圾"。一般来说，事情不严重，我们也不会找心理医生。如果心理医生没有一种自我净化的能力，接不住、转不了、化不掉、放不下，那么时间久了，他就会出心理问题。所以，很多心理医生有时候挺可怜的。他会很多技巧、方法，却没有一种自我疗愈的能力、净化的能力、转化的能力。

你不要把每个听你抱怨的人当成心理医生，因为即使是心理医生，有时候也没有办法承载一些东西。听你抱怨的人可能本身就是病人，或者等你抱怨完之后，他就会变成病人。

第五十九节

不忘自己的平凡，活出另一个维度的平凡

我来自一个比小山沟好一点的小乡镇，经历过蹲"茅坑"的年代。我是从那个乡下的孩子成长为现在的我的。当我还是一个乡下的孩子时，我十分害羞、不善言辞、固执、暴躁。这样一个人慢慢成长，有所成就，这不就是一个毛毛虫变蝴蝶的过程吗？在此，我想告诉各位，我仍然是一个很平凡的人，我只是喜欢跟更多人分享我的心得而已。我是一个比你还平凡的人。

我们可以做一件非常有意义的事情，也许可以影响很多人，可是我们内心要很清楚，自己仍然是一个平凡的人，不是神。在人生路上，我们都是一个平凡的人，可能喜欢吹

牛、开玩笑，也可能喜欢吃泡面……

我和大多数人一样，希望自己可以活得更好，活得更健康，让自己的生命更丰富。在这个过程中，不忘生命的意义和价值，帮助别人活得更好、活得更健康、丰富生命，这是另一种维度的平凡。

第六十节

用制造问题的心智解决问题很难

如果你用一种会制造问题的心智制造了很多问题，再用这种制造问题的心智去解决这些问题，那么你能够解决吗？用制造问题的心智制造了问题，然后再用这种心智去解决问题，一般来说，问题很难得到解决。假设你的心智模式会让你很容易感到不安、烦恼、恐惧，怎么想都会不安，怎么想都会烦恼，怎么想都会恐惧，那么你能用这种心智模式让自己安心、无忧、无惧吗？你总是用这种心智模式过日子，你看出你的问题了吗？

我再举个实际的例子。假设你是个小肚鸡肠、爱计较的人，那么你的人际关系会好吗？不会吧？那你渴不渴望改善人际关系？渴望吧？可是如果你还是用那种小肚鸡肠、爱计较的心智去改善自己的人际关系，那么你能不能改善呢？不能吧？

如果你有一颗不懂感恩的心，那么你的态度、行为、言语就很难呈现出感恩的一面。有时候不是别人对你不好，而是你感受不到别人对你的好。你可能觉得对方所做的都是应该的。有一天对方不对你付出了，你还会怨恨对方呢！

同样，要想促进人类文明的发展，我认为一个人的内心首先要文明。你不能用一颗没有文明的心去创造文明。

第六十一节

加上一个跟生命有关的维度，感受就会完全不同

大家都曾听过父母的唠叨吧？父母的谆谆教诲，在很多人听来，只是唠叨。有时候，你会觉得，怎么他们讲来讲去还是那些道理？你还会分析、判断你父母讲得有没有道理，合不合乎你的认知。有时候，你可能会觉得他们已经跟不上时代了，还在一遍一遍地说旧的道理。虽然他们说得对，但是没有你自己高明。有没有这种现象？

通常我们跟父母相处的时候，用的是道理的维度。这时候，如果你再加上一个维度，跟生命有关的维度，那么你可能听到的就是父母对你的爱和关心了，而不是那些道理。

之前你没有加上跟生命有关的维度，你从他们那里听

到的都是道理，你也许还会说出一些伤人的话："爸、妈，你们已经跟不上时代了。"当然，他们可能真的跟不上时代了，同样的话讲了很多遍，说话的水平没有你那么高。这些都可能是事实。在你加上一个跟生命有关的维度后，这些事实便无关紧要了，你的感受会完全不同。你只会认识到父母关心你、爱护你、包容你、接纳你。你听到的不再是唠叨，而是爱与关心。

第六十二节

你一辈子在做什么？

　　很多人一辈子都在忙，但其中大部分时间都在忙一些鸡毛蒜皮的事情，纠结因这些事情而生，困扰因这些事情而生，烦恼因这些事情而生，不安因这些事情而生，恐惧因这些事情而生。你有没有想过，其实你的人生还没有真正开始，你的人生就被那些鸡毛蒜皮的事情给困住了？在人生这条路上，你何时可以真正迈出去，可以开始真正的人生？你有没有想过，怎样活出最恢宏的生命版本？恐怕没有吧？大部分人可能会天天忙些鸡毛蒜皮的事情，忙东忙西，忙完一生。

　　之所以会这样，是因为你的内心还不够明朗，充满了雾霾，充满了鸡毛蒜皮的事情。你所关心的、在乎的都是那些鸡毛蒜皮的事情。关心了这些事情一辈子，然后呢？你的人生会变更好吗？于内，空间不够，于外，你同样很难有施展的空间。我们应该看看社会上那些活出恢宏生命版本的人都在做什么。

第六十三节

天人合一与人定胜天

东方讲"天人合一"。天人合一是很重要的文明观。
天人合一，民胞物与。但是现在我们只是把这句话当成口号
讲，吃野生动物、砍珍稀植物，表现出来的是"人定胜天"
的文明观。

西方讲屠龙，但东方讲降龙。在东方神话里，龙是给神
仙当坐骑的。神仙下面坐的不是一张皮，而是活的动物。除
了龙之外，狮子、老虎、大象、麒麟也常被用来当坐骑。你
会发现，这是一种内心文明的呈现。这种文明是不同于西方
文明的。西方可能讲人定胜天，而我们东方讲天人合一。两
者是不同的文明观。

你想象一下：一只蚂蚁拿着一根比它大好几倍的树枝，举起来，说"我是世界之王"，然后有人路过，一脚踩下去……我想表达的是，有时候我们必须突破那种很局限的心智模式。天人合一，而不是人定胜天。

第六十四节

智慧而非学问

我们说向圣贤学习，并不是说学习他们的学问本身，而是说学习学问背后的智慧。因为他们有智慧的心智，所以他们才会提出富含智慧的学问。

我们小的时候会读唐诗三百首，还要背诵其中的很多诗歌。但是我们收获的通常是这些诗歌本身，而不是诗歌背后诗人的悟性、心智。因为有某种悟性和心智，诗人可以文思泉涌，可以写出传诵千古的好诗来。我们总是背诵诗人体悟出来的东西，却忘记诗人那种生命状态才是我们应该学习的。

读书的时候，绝大部分人会把焦点放在记忆、背诵知识点上。读得多了，很多人就成了某个领域的专家，对已有的专业知识信手拈来。但是他们中的一些人忘记了思考，读不出新的东西来。于是，很快他们就会被善于思考的"长江后浪"所淘汰。这就是他们的生命状态。无论何时，请记得拥有智慧，而不是学问本身。

第三章

换个角度，人生大不同

第六十五节

你在过真正的人生吗？

　　人生该怎么过呢？你真的在过真正的人生吗？还是在过被输入道理的人生？从小到大，我们被输入了太多道理。你没有在过真正的人生，可是你却以为自己在做主。女孩子被教导找男朋友就是要找"高富帅"，否则都不好意思跟别人介绍男朋友。有时候爱上就爱上了，但是对方可能是个"矮穷丑"。你不好意思跟人说"这是我男朋友"，你会说"他是路过的"。你会不好意思，为什么呢？因为你被输入了这样的价值观。

　　我记得我上大学的时候，班里有一个女同学很高，跟我差不多。她在大二的时候重新去考警官学校，当了警官。那时候她说："我最讨厌那种抽烟、喝酒、又矮又胖的男生。"后来她找的老公就是那种人。所以有时候爱上一个人可能会超越某种价值观。可是很多人都活在别人的眼光里，不是吗？

你可能还没有真正活过，就已经活到这把年纪了，不是吗？难道你一辈子就是为了买几栋房子、存几笔钱，生几个孩子吗？难道只是这些吗？你会发现，人生常常跟我们开玩笑。当我们拥有很多的时候，突然我们失去了一切。当我们天天养生的时候，突然一场大病袭来。所以，趁现在，去活出真正的人生吧！

第六十六节

把道理当成唯一的真理，就有问题

有一对夫妻在婚前约定好，婚后如果谁认为自己错了，那么就去院子里走一走，去反省一下。可是这对夫妻结婚三四十年，都是丈夫出去走走，出去反省。你听出什么没有？心量啊。在丈夫看来，我爱你，我可以永远是错的那一方。这种觉悟超越道理吧？因为爱你，所以我永远错。

可是，我们都活在道理的层次，不是吗？尤其是知识分子。道理本身没有问题，但如果只活在道理的层次，那么问题就大了。很多时候，你的问题就是太爱讲道理。

人生不是只有道理的，是不是？我煮饭，你就要洗碗，公平吧？我洗衣服，你就要拖地板，公平吧？我早上载孩子去上学，下班的时候换你载孩子回来，公平吧？星期六我照顾孩子，星期天把孩子丢给你，公平吧？你是这样的吗？

　　这看起来也没什么问题，对不对？那你幸福吗？还没结婚的时候，伴侣三更半夜说"我肚子饿"。即使刮着风、下着雨，你也马上骑着车去买吃的。因为爱对方，即使多付出一些，你也觉得很幸福。你会发现，在谈恋爱的时候，双方没有什么成本概念，因为双方都活在幸福里。为什么结婚之后，我煮饭，你就要洗碗，我洗衣服，你就要拖地板？你要到了公平，然后发现幸福不见了。

第六十七节

心里放得下成功，才是真正的成功

　　小时候，当我们的自我意识还没有那么强的时候，我们可能刚刚还在和其他小朋友吵架，一转眼又玩在一起了。那时候我们玩游戏，就是图好玩，只要快乐就好，不论输赢。可是长大之后，每个人的自我意识都那么膨胀，做事一定要论输赢。很多时候，我们赢了对方，却未必快乐。赢了会担心输，成功了会担心失去。在担心中，我们失去了快乐。那么，你能超越自己的成功，从成功中获得快乐吗？

　　舍得舍得，有舍有得。如果你能够放下自己的成功，那么你才谈得上是真正成功了。当你放不下成功的时候，你是很难快乐的。你听说过守财奴吗？守财奴拥有很多财产，却舍不得花，所以即使拥有很多，他们也不快乐，无法过上真正富足的人生。

我们再换个角度说，你是在过日子还是被日子过？你是拥有想法还是被想法拥有？那成功呢？你是拥有成功还是被成功拥有？

当你能够放下财富时，你才能够真正享受财富。当你能够放下成功时，你才能够真正成功。

第六十八节

离开自己看自己

有时候我们内心的空间会被情绪堵塞。常常情绪一来，我们连话都说不清楚了。情绪一来，我们说的话即使有道理，也变得没道理了。我们常常带着情绪说话。带着情绪说话的时候，最后人家只看到你的情绪，听不到你说了什么道理。这是普遍的情况。

我们能不能换种模式，离开你的情绪来表达你的看法，而不是带着情绪表达你的看法？有时候你需要带着情绪表达，因为比较有力量。但是负面情绪来的时候，你要有一份觉知。这时候你的情绪跟你的看法要稍微分开一点点，让看法有表达的空间。否则它们纠缠在一起的时候，即使你有道理，也说不清楚了。虽然你有道理，但你的情绪让你看起来像是一个坏人。有时候明明错的是对方，被责怪的却是你，为什么？因为你的脾气太暴躁了。所以当你的负面情绪出来的时候，你要带着一份觉知，离开你的情绪。

第六十九节

跳出自己的心智模式，跳出自以为是的认知

你必须跳出自己的心智模式，跳出自以为是的认知。假设你去听某个课程，你要先学会倾听，倾听完之后再慢慢消化。你觉得合理的内容就接受，不合理的内容就先放一边慢慢了解，而不是觉得百分之九十五的内容很好，只是因为有百分之五的内容不太理解，就全部放弃，全部否定。这是不是很像小怨忘大恩的心智模式？你只是对某个地方不理解，还有一点怀疑，就把那些很好的东西否定了。

那么，我们怎么跳出这种因小失大的心智模式呢？我认为，拿上课来说，你觉得合理的内容就先去实践，不合理的内容就先放一边。不合理的或怀疑的内容，一定要把它弄

明白。

　　你不要一直处在怀疑的阶段。你可以怀疑，但是不要一辈子处在怀疑中，都不去验证。怀疑是很正常的，不是吗？可是你怀疑不怀疑是一回事，你有没有去验证是另一回事。如果你一辈子都处在怀疑阶段，那么走完这一生，你就会错过太多东西。

第七十节

你的认知、想法就是你看这个世界时戴的有色眼镜

　　有一群伐木工人在半山腰组成一个小集体，因为他们不可能每天从山下爬到山上去伐木。有一天，有一个人发现他的斧头不见了。他的斧头不见了，他起了什么心？他起了疑心。那么是谁拿走了他的斧头呢？应该不是猴子，肯定是人。他心想：谁会拿我的斧头呢？大家都是邻居，都很熟，应该不会有人拿我的斧头吧？最近有一对年轻夫妻搬过来，会不会是那个年轻男人拿走了？于是，他用这种认知去看、去观察那个年轻人的长相、行为、言语、态度，就觉得那个人有点像小偷。第二天他继续观察对方，越看越觉得对方像小偷。

第三天呢？第一种情况是，他带着疑心去找对方，说："你们是新来的吧，伐木一把斧头不够吧？"一般人如果被这么暗示，会怨恨对方吧？于是双方就会开始吵架，并且会打起来。最后一个断手，一个断脚，闹到法院去。

第二种情况是，他又仔细想了想，在仓库的某个角落看到了那把斧头。他突然想起，三天前自己匆匆忙忙下山，随手就把斧头丢在那里了。每次回来找斧头都是去原来的地方找，所以他找不到。突然他有一个想法："我误会人家了。"这时他再去看那个年轻人，怎么看都觉得对方不像小偷。

你会发现你的想法、认知就是你看这个世界时戴的有色眼镜。如果你戴的是黄色的眼镜，那么你看这个世界就是黄色的。如果你戴的是红色的眼镜，那么你看这个世界就是红色的。带着偏见去看这个世界，这个世界也会被看偏，不是吗？

第七十一节

与人为善，因为回程还会相遇

东方的圣贤有一句话，叫与人为善。与人为善，因为回程还会相遇。我们知道作用力等于反作用力。你现在怎样对别人，别人日后就怎样对你。所以你在去程的路上时，要善待遇到的人。如果你在沿途到处惹祸，到处与人为恶，那么等你回程时，你必然不会被善待。你以为走完这一程就不回头了吗？万一回头呢？会不会没人理你？

换一个角度说，你今天遇到的人对你很好，善待你，可能因为你们是回程的相遇。如果有人对你不太好，那么这可能是因为你们是回程的相遇。那你自己把现在当成去程的路上好不好？你可能会与人再次相遇，所以无论何时，与人为善都不晚。你要慢慢去觉察，慢慢去感受。未来的几天，未来的几年，你可能与人再次相遇。

与人为善要从微笑开始，从介绍自己开始，不要一副很酷的样子。我们说人外有人，天外有天。要记得，你在你的领域里或许已经是一个有身份、地位的人了，但是出了那个领域，可能没有人认识你。

第七十二节

你一辈子都在跟着什么走？

如果你是一颗种子，那么你会喜欢泥土还是黄金？这时候答案应该很清楚。如果你是一颗种子，那么你会选择泥土，不会选择黄金。但是我们是有意识的人类，那么你要觉醒还是黄金？有人可能会说，我都要。

生命中充满了欲望。我们常常跟着欲望走。如果你跟着欲望走，那么你的生命就等于欲望。如果你跟着你的想法走，那么走完这一生，你的生命就等于你的想法。如果你跟着你的个性走，那么你的生命就等于你的个性。你一辈子都在跟着什么走呢？

有一句话是：鸟随凤凰飞得远，人伴圣贤品自高。这是在告诉我们应该跟着什么走。可是我们大部分人都在跟着欲望走，跟着想法走，跟着个性走。你跟着什么走，你就会成为什么。所以，你的选择是什么呢？

第七十三节

举头三尺有什么？

东方有一句话是"举头三尺有神明"。现在，这句话应该改成"举头三尺有摄像机"。在超市里，你可以看到摄像机，上面还会写一句话：摄像中，请微笑。到处都有摄像机。如果我们把摄像机换成别的，比如良心，可不可以？有摄像机在，很多人想要做坏事，只是不敢而已，怕被抓到，有贼心没贼胆。

你会发现，因为摄像机的监控而不去偷东西和因为良心而不去偷东西，是不一样的。同样是没作为，一种是不敢做，一种是不想做，是两种不同的心态。"举头三尺有摄像机"跟"举头三尺有神明""举头三尺有良心"，是不同的。

　　那么，你的"举头三尺"是什么呢？是欲望吗？是不安吗？是恐惧吗？是希望吗？是阳光吗？是良心吗？是什么在你的上空引导着你？你的人生走到现在，你都在追逐什么？你都在在乎什么？你都在计较什么？你看得清楚你目前的生命状态吗？

第七十四节

给身边人贴上"生命伙伴"的标签

如果你回到家，看到妻子刚好在煮饭，就问她饭煮好了没，孩子功课写了没，那么说明你给她贴上的是"妻子"的标签。如果你给她贴的是"隔壁阿姨"的标签，那么你还会这样问她吗？不会吧。如果你给对方贴上"女朋友"的标签呢？这时候你可能会说："啊，不要煮了，我们出去吃饭吧，晚上再看个电影。"你会发现，当你给对方贴上"女朋友"的标签后，你自己也马上换了角色。

有时候道理很简单，但做起来却很不容易。比如说，你知道给儿子贴上"朋友"的标签后，自己看他的眼光会不一样，说话的口气也会不一样。道理是很简单的，但是当儿子拿成绩单回来后，你可能马上就回到爸爸的角色了。孩子的爸爸会在乎孩子的功课，孩子的朋友才不管他考几分呢！在这种情况下，虽然你已经把给对方贴的"儿子"的标签撕下来了，以为自己变了，但是等儿子把成绩单一拿回来，你瞬间就回到了爸爸的角色。

从知道到做到，有很长的一段路要走。如果我们给每个人都贴上一个"生命伙伴"的标签，那么我们就不会想要去掌控对方，就会生出用生命陪伴生命的态度。

第七十五节
线性思维的局限

线性思维是这样的：如果一个人在前进的道路上遇到了一个障碍，那么他就很难过去。因为线性思维只有前进跟后退，他没有选择。然而，如果他切换成平面思维，那么他便有千百种方式可以绕过这个障碍。那么，如果他换成立体思维呢？他将获得无边无量的可能性，根本不会视眼前的障碍为障碍。

那么，你的人生遇到障碍了吗？有没有想过，你的思维空间是不是太狭隘了？你不要以为只有身体会中风，思维也会中风。思维中风的时候，人就卡在那里过不去，十分固执。

一次，我和朋友聊天聊到九点多了，我劝朋友吃点心，然后他说："哦，不好意思，我刷过牙了。"因为在他的认知里，刷过牙之后，直到睡觉前都不可以吃东西。和这种情况类似的是，有的人挤牙膏一定要从后面挤。如果伴侣从前面挤牙膏，那么他可能会闹离婚。再比如扫地，有的人一定要扫成一大堆。如果其他人一小堆一小堆地扫，那么他可能会和人翻脸。

不是说线性思维不好，有时候线性思维也挺容易带来成功的。如果换成立体思维，那么你会不会获得更大的成功呢？

第七十六节

我们的心智多久没有升级、改版了？

　　餐厅里会有一本菜单。如果你常去一家餐厅，那么时间长了，你就会习惯点某几道菜。如果你常去菜市场买菜，那么久而久之，你就会习惯买某几种菜。如果你常去水果店买水果，那么时间久了，你就会习惯买某几种水果。那么，你的交际圈是不是也是这样呢？你交往的朋友会不会是同一类型的？经常谈的话题会不会是同一个？你会发现，你过上了一种有固定菜色的人生，连认识的朋友、讲的话题都慢慢固定下来了。

　　没有人绑架你的人生，可是你走着走着，就局限住了自己。我们的手机每隔一段时间就会告诉你要升级，否则有些功能无法给你使用。你看，手机都需要常常升级，升级到

　　某个阶段，无法升级的时候，甚至会让你改版。那么，我们人呢？

　　早期的火车是靠燃煤驱动的，此后火车的动力系统一直在升级。于是我们就看到了现在的动车、高铁列车。当动力系统升级升不上去的时候，就需要改版，否则火车的时速很难突破三四百公里的局限。于是，我们看到了磁悬浮列车。磁悬浮列车就是整个动力系统的改版。那么，你的心智多久没有升级了？你的心智多久才能改版？

第七十七节

读万卷书，也要行万里路

现在的人很多都是被"催熟"的，内在填了好多东西，一直在填，以为填满了就是成熟了。我们的教育模式是积累式的。学生一直积累知识，却没有多少机会去历练，就像没有经过春夏秋冬，吸收大地精华而长成的人参是没有药效的，只是长得很大，大得像萝卜。

我们说读万卷书，不如行万里路。为什么是"不如"啊？读万卷书，也要行万里路嘛。你不要说："爱妈妈，不如爱爸爸。"你会发现，很多人有时候脑子转不过来，原本地上的50块跟10块都可以捡的，不知道被谁教坏了，居然说："你以为我傻啊，当然捡50块！"为什么10块不一起捡呢？我不是说吸收知识不好，而是说同时要力行实践。读万卷书，也要行万里路。爱爸爸，也要爱妈妈。

第七十八节

你的欲望就是一座监狱，你被囚禁在里面

我们的灵魂被囚禁在欲望里，不得自由。可是我们一直想要解脱。我们人类把地球搞得乌烟瘴气，却想赶快找另外一个星球居住，看看另外一个"监狱"会不会好过一点。那边可能比较容易放风，伙食比较好。可是，我们很少会去寻找内在的星球。

我们一直在"求"，心一直被"囚"在里面。只要有所"求"，就会有所"囚"。有所"囚"，会不会被"困"在那里？被"困"在那里，会不会"住"在那里，然后停"留"在那里？我们讲的是内心，身体也一样。比如说我们

吃太多油腻的东西，这些东西里的油脂就可能积聚在身体里，引发高血脂，堵塞血管，导致更严重的疾病。

所以呢，你的欲望，为你铸造了一所监狱，用来囚禁你。

第七十九节

"觉"处可以逢生

如果我们学会觉察，那么我们就可能看见那些本就存在，却一直没有显现出来的东西。比如说，地心引力一直存在，可是一直不被意识到，直到几百年前，才被牛顿发现。很多真理、原则本就存在，只是在等待有觉悟、有慧眼的人去发现。在发现这些真理、原则之后，这些人还会去研究、领悟这些真理、原则，用实践去检验它们。这便是"觉"处逢生。

我们一直被已知事物囚禁、局限。这些事物让我们处在绝处。处在绝处，便谈不上逢生。

如果我们能够去"觉"呢？我们便会找到出口，然后"觉处"逢生。能在生活中变成一个觉者，便是逃狱成功了。

第八十节

在风平浪静的游泳池里，训练不出好的航海家和水手

我们想无灾无难，又想要成长、成熟。于是我们躲进了温室。温室里没有风雨，没有春夏秋冬，是恒温、恒湿的，所以只要棚顶一掀开，有风吹雨打，我们就受不了了。

很多父母就是孩子的温室。孩子一要什么，就马上送给他。孩子一有什么事情，就马上帮他处理，马上帮他解决。这类父母被称作直升机父母。孩子毕业之后，他们就变成了推土机父母，把所有挡在孩子面前的障碍清除，让孩子一路走好。你会发现，我们很多人不是当直升机父母，就是当推土机父母。让孩子永远活在温室里面，有一天你不在了，你会不会担心？

孩子没有独自成长的经历和能力，一旦遇到事情，你又不在身边，这是很让人担心的事情。他去公司上班的时候，主管交给他一个任务，他要等主管给方法。主管会不会很有意见？

温室之外，还有自然环境。那些在自然环境中长大的孩子可以适应不同的环境，有生存能力，可以直面问题，思考问题。那么，你要给孩子什么环境呢？

第八十一节

从对方的角度考虑

什么叫专家？所谓"专家"，不是专门骗人家，而是让非专业的人都能够听懂你在说什么。

有时候专业的人讲了太多专业术语，让别人听了一头雾水，根本搞不懂他在说什么，尤其是有些国人讲话，没讲多少就跑出来几句英文，"You know？""Understand？"……我就遇到过这样的人，他讲的内容让我完全搞不懂。后来我就讲我所学专业的专业名词，让他也听不懂。

我们有时候一不小心就会开启专业思维，讲让别人听不懂的话。我们必须站在对方的角度考虑。我们可能学了很多专业名称、术语，可是听你说话的人脑袋里一片空白。你能不能从他的角度讲，让他能够理解？总之，讲话、讲课不是自己讲爽了就好，而是要从对方的角度考虑，让对方听明白。

第八十二节

用爱当药引，让药更有效

我们常说，家庭不是讲公平、讲道理的地方。不是说让你放弃公平、道理，而是说你要用爱当药引，让药更有效。我们可以讲公平、道理，但是怎么讲呢？用感性的语言来表达你理性、客观的部分。

有时候你应该接受对方的错。难道对方永远不能犯错吗？一定要纠正他吗？如果明天就是他人生的毕业典礼了，那么你还会在乎他的对错吗？如果明天就是他的毕业典礼了，那么你还会在乎他赚多少钱吗？为什么现在你会计较？因为你认为明天他还活着。如果你把今天当成最后一天，那么你会发现很多东西你都不会计较了。

为什么要活在当下？因为你不知道是明天会先来，还是无常会先到。

第八十三节

不同的婚姻观

很多父母辈的人在结婚的时候穷得要命，两个人只能白手起家。到了我们这一辈的时候，很多人在结婚前会问对方："你有存款吗？有房吗？"好像没有钱、没有房就不能结婚一样。但是，人家凭什么让你直接享受他努力后的成果？你凭什么直接享受人家努力后的成果？大家都没钱、没房，本可以一起白手起家，就这样创造共同的生活。

有一个人在路上捡到一把芹菜，于是他想："啊，一把芹菜，芹菜要炒肉丝，所以应该买些肉丝。"他又想："有芹菜，有肉丝，还应该有厨房，有厨娘。"他继续想："那不就是需要一个老婆嘛！但是老婆背后还有个丈母娘，她会问我'有车吗？有房吗？'……"想到这里，他赶紧把芹菜丢掉了。

第八十四节

常怀感恩和知足的心

你的父母不像你一样可以受到这么好的教育，有这么好的物质条件。他们当年可能生存都是个问题。现在，他们在用自己知道的方式、用自己理解的方式陪你走一段路。他们所做的一切未必如你所愿，但是如果你有一颗感恩的心，那么你就会觉得很幸福。

再举一个例子。你晚上跟朋友聚会，十一二点还没回家，你的伴侣打电话过来说："晚上十一二点了，该回来了。"你心想"这么不信任我吗？"和心想"老公多么关心我啊！"，是两种不同的心理，前者心怀怨恨，后者心怀感恩。对方说什么不重要，你心里想什么很重要。

常怀一颗感恩的心、知足的心。生命跟生命是可以通过感恩的心、知足的心联结在一起的。

第八十五节

感恩敌人，因为他让你照见自己

你知道吗？谁最了解你？敌人。他二十四小时都在研究你，对不对？你不用付他研究费，不用付他顾问费，也不用请他吃饭，付他薪水。他只要有空就研究你，研究你所有的缺点跟漏洞，而且在批判你的时候绝对不会口下留情，一定是一针见血。如果骂你骂得不够到位，那么他可能还会说："我重骂一次。"

你会发现，难得有人对你如此用心。朋友会不好意思说你的缺点，因为怕不能和你当朋友。如果朋友轻轻地提点你，那么你可能没有觉察，感受不出来。如果朋友重重地提点你，那么你可能会跟他说"不要做朋友了"。只有你的敌人，不想跟你当朋友，会直接插你一刀，让你知道"你就是

这个死样子！"。他通常讲得很难听。他不会说："哎呀，
你的脾气不太好。"他不会的，他只会直接骂你。

因此，如果你想听真话，或者说如果你想真正了解自
己，那么不妨听听你的敌人怎么说。

第八十六节

每天都让本自具足的那份爱自然流淌

我们要让"本自具足"的那份爱，每天都自然流淌。这个过程就像打井一样，每天打一点点，井水就涌上来一点点。慢慢地，你就拥有了一口活井，井水源源不断。

每天给出一份爱，你的爱之井就不会枯竭。那么从哪里开始呢？从家人开始，不是吗？可是人通常都很狭隘。过"母亲节"的时候只会想起母亲，而忘记父亲。一个人给家里打电话，刚好爸爸接的。他说："爸爸，等到父亲节，我再跟你互动。你先叫妈妈来。"不要这个样子。不要在单纯无求的爱浮现出来时，还要分爸爸、妈妈。

我们本自具足，可是我们有没有活出本自具足的生命状态是值得思考的。你每天能不能用温暖的方式跟家人互动一下？

第八十七节
生命需要有生命的陪伴

　　平常我们家的房子都是我老婆一个人住。还好有一只
狗，这只狗是我儿子养的。我儿子大学毕业后就把它带回来
了，变成我和我老婆在养。我最讨厌的就是狗跑到床上去。它
还会掉毛，有时候它从床上站起来，不是直接跳下去，而是
抖一下再跳下去，弄得满床都是狗毛。这一点我就很讨厌。

　　突然有一天，只有我一个人在家。我感到很孤独。然后
过了一会儿，狗跳上床来，睡在我旁边。我一下就觉得很温
暖！那么大的一个房子里有一个生命在陪伴我。当时我瞬间
就理解了为什么我老婆会让狗跳上床。她是一个很爱干净的
人。我连坐到她的床上、压到她的棉被都会被她骂，但是无
论狗怎么踩她的床，她都不会骂它。因为生命需要有生命陪
伴，你知道吗？

第八十八节

从生命的角度看事情

　　从生命的角度看狗跳上床这件事，就不会觉得脏。有时候我们宁愿脏一点，也想让生命陪伴我们。从生命的角度看，我们都是孤独的，需要生命陪伴。

　　一般来说，狗应该都会叫。但是我们家的狗从来没有叫过，我一直以为它从生下来开始就不会叫。突然有一天，我听到它"汪"了一声。我说："哦，你会叫啊。"我也不知道这是为什么。难道它此前不想跟我们讲话，觉得我们人类太低级了？它可能心想："即使跟你说你也听不懂。"因为它觉得我们听不懂，所以它不想跟我们讲话。

　　我发现当我们不想跟人讲话的时候，会说"你不了解

我"。有没有？会说你不了解我，而不是说，我说的内容有
多深，多么有学问。认为你不了解我，说明我是从生命的角
度去看事情的。

第八十九节

用开放的心态来面对他人和你探讨的问题

当有人想跟你探讨某个问题的时候，请你用一种开放的心态来探讨这个问题。无论是探讨家人的相处问题，还是探讨孩子的未来发展问题，你都不能把问题绝对化。拿孩子的未来发展问题来说，每个孩子都有无边无量的可能性。书读得好，未必有成就。有些人很有成就，但就是书读不好。

很多老板的文化水平并不高，能力也不一定很强，却能够带领一帮硕士、博士做事情。硕士、博士明明更聪明、更有文化，为什么却只是一个员工？有没有想过这个问题？因为"老板的命比他们的好"。我说的命不是命运的命，而是拼命的命。老板跟他们拼命，不跟他们拼知识。也就是说，一般知识分子看到的成功元素跟很多老板看到的成功元素是不一样的。

第九十节
扩展生命维度

假设你的心是一个浅盘子，你这辈子的苦难是一勺五克的盐。把这勺盐放进这个盘子里，倒满水后这勺盐可能无法完全溶解。那么你的心会不会很苦涩？如果生命慢慢地成长，这个浅盘子变成了一个水缸，那么它是不是可以容纳更多的水了？这时候你再把代表人生苦难的那勺盐放进去，你只会尝到轻微的苦涩。那么，如果你把自己的心变成一个淡水湖呢？湖水甘甜，不咸不涩。即使你放数倍的盐进去，你也不会感到苦涩。

古人讲心包太虚。如果你把自己的心变成太虚呢？这时候我们并不是用"有"来承载，而是用"无"来承载。我们从盘子扩展到水缸，从水缸扩展到淡水湖，从淡水湖扩展到太虚。我们已经上升到另外一个维度。

第九十一节

借外在的事情，看见内在的自己

我们可以从别人身上看到自己的影子。有一天我看到我儿子在骂他妹妹，我心想：那不是我骂他的样子吗？我儿子骂妹妹时的身体姿势、口气，和我骂他的时候一模一样。我们可以从别人身上看到自己的影子，甚至可以从别人身上看到自己的过去。比如说，你在年轻时候对孩子不理不睬，不管不顾，等到你老了，你的孩子把你送进了养老院，不理不睬，不管不顾。为什么他用这种态度对待你？因为他看到了你过去是怎么对待他的。他不过是在效仿你罢了。

你可以从别人跟你的互动中，了解过去你是怎么为人的，怎么处世的。为什么别人有事情的时候会有贵人相助？为什么你遇到事情的时候，总是遇不到贵人，还常常遇到小人？我们可以猜测，你可能过去很少帮助人，很少与人为善，甚至过去常常捉弄别人。作用力等于反作用力。你在承受你过去的作用力。

第九十二节

你现在遇到的人、事、物就好像一面镜子

你现在遇到的人、事、物就好像一面镜子，反映你自己。

古人有一句话：圣人可以以心若镜。内心稍有起伏，他马上能够反省自己。当某种想法跑出来时，或者当某种情绪跑出来时，我们应该像圣人一样，能够马上觉察自己怎么了。而不是在发脾气之后，反思自己又怎样了。我们不能等到内心状态呈现于外后，再去借外观内，而是要在内心产生某种想法、情绪的时候，马上觉察、反思。

我们平常还可以借外观内，把外在的人、事、物看作一

面镜子，观照自己，就像中医一样，通过望闻问切，从外在的症状看到内在的病灶。心理学家常常是根据我们的言语、行为、态度推测我们内心的问题，这同样是借外观内。

第九十三节

当宇宙、天地永远的学生

东方有一句话叫"教学相长"。你知道，有一种人是最危险的，那就是老师。因为没有人再教他了。当学生的优势是什么呢？随时被提点，你应该怎样，不应该怎样。学生被提点、被教育是很正常的。可是当你站在讲台上之后，别人就不好意思说你了。你在讲台上站久了之后，你也以为自己很好，也没有人敢说你。如果这时候你没有一份自我觉察、自我反省、内观的能力，那么你是非常危险的。

我在给别人上课的时候，会随时坐在台下当学生。我随时会坐在地上、坐在椅子上。只要谁上来分享，他就是我的老师，我就好好地去听课。我发现，每一个人都是我的老师，就像古人说的"三人行，必有我师"。人生就是一个大讲堂，大讲堂里有很多人。基本上每个人都在教育你。爱你也好，恨你也好，打你也好，在意你也好，不理你也好，别人都是你的老师。当你这样想的时候，你是不是一直在当学生，是不是一直在成长？再往大了说，你可以当宇宙天地永远的学生。

第九十四节

你说的都是对的

　　如果有一天，你给自己贴上了"老师"的标签，认为自己就是老师了，那么从此以后，你就"完蛋"了。很多人都有一种坏习惯，那就是好为人师，以为自己说的都对。别人一怎样，就马上出手指点。要知道，并不是你没有错，只是别人不好意思指点你，因为你被称为老师。所以每次你犯错的时候，别人都会用一种讽刺的方式说："你说的都是对的。"现在我常常听到这句话。你知道吗？我只要说什么，我的学生就会说："老师，你说的都是对的。"对此，我并不是很开心。

　　从另一个角度看，别人跟我聊天的时候会说"老师，你说的都是对的"，这说明什么？说明我们之间没有那么远的距离。一般关系疏远的人不会这样说，只会说："嗯，是的，我反省，我改变。"但是，他内心是不想反省、不想改变的。他会产生抗拒心理。

第九十五节

不要因为别人有问题，就听不进他的建议

我们或许会遇到一些人愿意提点我们、指点我们、告诉我们可能还有哪些问题。这并不代表对方没问题。但是你不要因为别人有问题，就听不进去他的提点。我们常常会这样想："你凭什么讲我？你还不是那个烂样子。"有没有这种现象？虽然对方有部分也不怎么好，但是他仍愿意说出你哪里不好。对此，你应该感恩，你知道吗？

一般人都不想当坏人，是不是？怕不能和你当朋友了。这辈子还有人冒着失去朋友的风险跟你说真话，你要感恩。

我记得我在读大学的时候，有一个大我一两岁的同学比较成熟。他跟我说："我不会跟你站在一起骂别人。如果你

错了，那么我会让你知道你错了。跟你站在一起骂别人，那不叫真正的朋友。"我觉得很有道理。然后，他有一次又提醒我，说我像布袋里面的一根针，很突出，没有人敢跟我在一起。我觉得也很有道理。

第九十六节

放下自以为是的思辨想法，灵感就会浮现

当我能够放下自以为是的思辨想法的时候，很多灵感就会慢慢浮现出来。如果你的脑袋里塞满了想法，让想法做主，那么你便没有多余的空间，让灵感浮现出来。我们或许可以称这些想法为自我，因为这些想法很多都是关于自我的。当自我慢慢被降服，慢慢缩小的时候，空间是不是就变大了？

人们一般不是这样子的。如果你做什么都很自我，那么别人就无法给你太多建议跟提点。我们太有想法了。有时候，我们为了表示自己很谦卑，总是表面上说"好的，你说的对，我错了，我改"。那么，你真正了解自己的问题吗？

还是只是不想争论？看向真正的自己，才是重点。

圣人以心若镜，借外观内。我们可以效仿圣人，借外在的一切来内观自己，从别人身上看到自己的影子。